Erich Harnack

Zur Pathogenese und Therapie des Diabetes mellitus

Inaugural-Dissertation zur Erlangung des Grades eines Doktors der Medizin

Erich Harnack

Zur Pathogenese und Therapie des Diabetes mellitus
Inaugural-Dissertation zur Erlangung des Grades eines Doktors der Medizin

ISBN/EAN: 9783742868312

Hergestellt in Europa, USA, Kanada, Australien, Japan

Cover: Foto ©berggeist007 / pixelio.de

Manufactured and distributed by brebook publishing software
(www.brebook.com)

Erich Harnack

Zur Pathogenese und Therapie des Diabetes mellitus

Zur

Pathogenese und Therapie

des

Diabetes mellitus.

───◦◦◦───

Inaugural-Dissertation

zur Erlangung des Grades eines

Doctors der Medicin

verfasst und mit Genehmigung

Einer Hochverordneten Medicinischen Facultät der Kaiserl.
Universität zu DORPAT

zur öffentlichen Vertheidigung bestimmt

von

Erich Harnack,

Livonus.

Ordentliche Opponenten:
Privatdoc. Dr. L. Senff. — Prof. Dr. A. Vogel. — Prof. Dr. Alex. Schmidt.

DORPAT 1873.
Gedruckt bei Heinr. Laakmann.

Gedruckt mit Genehmigung der medicinischen Facultät.

Dorpat, den 25. Sept. 1873.   Decan Boettcher.

Seinem

väterlichen Freunde

Dr. Friedrich Bidder,

Prof. emerit. der Universität zu Dorpat, ehem. Prof. der Physiologie etc.

und seinem

hochverehrten Lehrer

Dr. Otto Schultzen,

ehem. Prof. der speciellen Pathologie und Klinik der Universität zu Dorpat

in Dankbarkeit und Liebe gewidmet

vom Verfasser.

Bevor ich zum Beginn meiner Abhand-
lung schreite, ist es mir Bedürfniss,
allen meinen geehrten Lehrern auf der
Dorpater Hochschule, vor allem aber den
beiden Männern, deren Namen an die
Spitze meiner Arbeit zu stellen ich mir
erlaubt habe, den Dank abzustatten,
zu welchem ich mich ihnen in hohem
Grade verpflichtet fühle.

I.

Die Untersuchung über den Diabetes mellitus, d. h. den durch pathologische Processe bedingten und hervorgerufenen Uebertritt von Zucker in den Harn ist während der letzten Jahrzehnte geradezu das Lieblingskind der experimentellen Pathologie und Physiologie geworden. Eine grosse Zahl zum Theil sehr werthvoller Arbeiten der namhaftesten Forscher auf diesen Gebieten legen dafür ein redendes Zeugniss ab. Bereitwillig arbeiteten Physiologen und Pathologen dem Kliniker in die Hand, und nicht minder bereitwillig nahm dieser die aus diesen Arbeiten gewonnenen Resultate und daraus construirten Theorien auf, um sie für seine Zwecke am Krankenbett zu verwerthen, am Sectionstisch zu begründen und auszubauen. So war es nach Entdeckung der Piqûre durch Bernard das Gehirn, nach Entdeckung der „glycogenen Substanz" die Leber, in welchen die Messer der Obducenten den unbekannten Sitz der Krankheit finden sollten, und die Verordnungen von Ochsengalle und Lab, Bierhefe und Opium waren die Zeichen dafür, dass die Therapie bestrebt war, hinter den durch das Experiment gewonnenen Resultaten nicht zurückzubleiben. Leider war Beides resultatlos, und die Diabetes-Frage so dunkel wie zuvor.

Neue Bahnen für die Untersuchung über den Diabetes wurden in jüngster Zeit durch die Arbeiten von L u d w i g und S c h e r e m e tj e f f s k y einerseits und S c h u l t z e n andererseits erschlossen, und ist durch dieselben die Frage gewissermassen in ein neues Stadium getreten, wenn auch das Problem von seiner endlichen Lösung noch weit entfernt ist.

Da wir nicht beabsichtigen, eine Monographie des Diabetes mellitus zu liefern, so verzichten wir auf eine Aufzählung der gesammten Diabetes-Literatur. Die wichtigen auf diesem Gebiete gewonnenen Resultate sind längst Eigenthum der Wissenschaft geworden und sie zu nennen, hiesse nur Allbekanntes wiederholen; und ebenso wenig kann es unsere Aufgabe sein, die in Menge aufgestellten Theorien, deren Werth zum grossen Theile nur ein historischer, aufzuzählen und zu beleuchten.

Unter allen jenen Hypothesen, die zur Deutung des eigenthümlichen krankhaften Symptomes, welches wir als „Diabetes" bezeichnen, laut wurden, muss jedenfalls als die naheliegendste diejenige bezeichnet werden, welche den im Harn ausgeschiedenen Zucker direct von den in der Nahrung aufgenommenen Kohlehydrate ableitet. Dass dieselbe dennoch verhältnissmässig wenig Anhänger fand und lieber mit anderen weit complicirteren Hypothesen vertauscht wurde, dafür lag der Grund vor Allem an dem ungenügenden klinischen Beobachtungsmaterial; denn obwohl es längst schon als feststehende Thatsache bekannt war, dass die Zuckerausscheidung bei einem Diabetiker durch reichliche Zufuhr von Kohlehydraten gesteigert wird, so fehlten doch sichere Beobachtungen, die das d i r e c t e und genaue Abhängigkeitsverhältniss des ausgeschiedenen Zuckers vom aufgenommenen darthaten. Immerhin aber trat die Anschauung, der Diabetes beruhe auf einer gestörten Umsetzung der mit der Nahrung aufgenommenen Kohlehydrate, zu verschiedenen Zeiten und in verschiedenen Variationen hervor. So suchten bekanntlich die Einen die Ursache in einer behinderten Umwandlung der Amylaceen in Zucker, Andere, von der Ansicht ausgehend, der Zucker verbrenne unter normalen Bedingungen im Blute, führten den Diabetes auf eine behinderte Oxydation, eine Bluterkrankung zurück, während noch Andere auf die bei der Entdeckung des Glycogen's cruirten Thatsachen gestützt, eine Behinderung der Umsetzung des Zuckers in Glycogen annahmen.

Alle diese Anschauungsweisen mussten eine in hohem Grade wichtige Modification erfahren durch die in der Arbeit von Ludwig und Scheremetjeffsky [1]) gewonnenen Resultate. Die genannten Autoren beobachteten, dass, während die Einführung gewisser organischer Substanzen (wie Milchsäure, Glycerin etc.) in's Blut den Sauerstoffverbrauch und die Kohlensäureabgabe erheblich steigerten, der Gaswechsel nach Injection von Traubenzucker in's Blut keine constanten Veränderungen zeigte, vielmehr im Mittel aller Versuche unverändert blieb. Aus dieser Thatsache ergab sich als Schlussfolgerung, dass der Zucker als solcher nicht im Blute verbrannt werde, vielmehr in Form irgend

---

1) Bericht der königl. sächsischen Gesellschaft der Wissenschaften 1868 12. Dec. Scheremetjeffsky, über die Aenderung des respiratorischen Gasumtausches durch die Zufügung verbrennlicher Molecüle zum kreisenden Blut.

eines noch unbekannten Umwandlungs- oder Zersetzungs-
productes dem Stoffwechsel zu Gute kommen müsse. (vergl.
Meissner'schen Jahresbericht 1869 pg. 186.)

Mit dieser Thatsache stehen auch gewisse Erfahrungen,
die bereits früher in verschiedenen Untersuchungen über
die Diabetes-Frage gemacht wurden, in vollem Einklang.
Für die Annahme, dass, sobald Zucker als solcher in's
Blut tritt, Diabetes mellitus die Folge sei, sprechen die
Resultate der Injectionen von Zucker in's Blut, so wie
auch der Umstand, dass Zucker im Harn auftritt, sobald
das Glycogen der Leber durch irgend welche Einwirkung
in Zucker verwandelt wird und in die Blutbahn gelangt.

Schon vor diesen epochemachenden Untersuchungen
Scheremetjeffsky's aber hatten Schultzen und Riess[1]
Beobachtungen veröffentlicht, deren Resultate auf ganz
anderem Wege, als die soeben besprochenen, gewonnen
waren und die dennoch eine auffallende Uebereinstimmung
mit denselben zeigten. Da unsere in Nachstehendem ent-
haltenen Untersuchungen sich eng an die von Schultzen
angestellten anschliessen, so scheint es uns zum Verständ-
niss des Zusammenhangs geboten zu sein, in Kürze auf
Letztere einzugehen.

Da durch die Vergiftung mit Phosphor sämmtliche
Oxydations-Processe innerhalb des thierischen Organismus
in hohem Grade beeinträchtigt, wo nicht gänzlich aufgeho-
ben werden, so müsste man, von der Voraussetzung aus-

---

1) Schultzen und Riess: Zeitschrift für Chemie von Hübner und
Beilstein 1866 — ferner: Charité-Annalen Band XV. und O. Schultzen
Beiträge zur Pathologie und Therapie des Diabetes mellitus. Berliner klin.
Wochenschrift 1872. Nr. 35.

gehend, dass der Zucker unter normalen Verhältnissen im Blute oxydirt werde, erwarten, im Harn eines mit Phosphor Vergifteten Zucker zu finden, falls ihm in der Nahrung Kohlehydrate zugeführt worden. Statt des Zuckers aber fand Schultzen bei der Untersuchung solchen Harnes einen Körper von der Zusammensetzung: $C_3H_6O_3$, also von der empirischen Formel der Milchsäure, der, wie Schultzen richtig schloss, nur ein normales Spaltungsproduct des Zuckers sein konnte, das unter den obwaltenden Umständen einer Oxydation im Blute nicht unterworfen worden war. Diesen Körper, dessen chemische Eigenschaften Schultzen einer genaueren Prüfung unterwarf, sah er anfangs für Fleischmilchsäure, später für das Aldehyd des Glycerins ($C_3H_8O_3 - H_2 = C_3H_6O_3$) an und folgerte weiter, dass der in den Körper eingeführte Zucker vor seinem Eintritt in das Blut einer Spaltung unterworfen würde, deren eigentliches Wesen noch unbekannt (die von Schultzen dafür aufgestellte Formel ist selbstverständlich eine durchaus hypothetische) und dass, falls unter pathologischen Verhältnissen dieser chemische Vorgang nicht zu Stande käme, der Zucker also unverändert ins Blut diffundire, Diabetus mellitus die Folge sei.

Also auf der Behinderung einer unter normalen Bedingungen stattfindenden Spaltung des Zuckers im Thierkörper sollte das Wesen des Diabetes mellitus beruhen. Wir sehen die Uebereinstimmung dieses Resultat's mit den Folgerungen, wie sie aus den Untersuchungen Scheremetjeffsky's gewonnen wurden. Seiner Theorie entsprechend schlug Schultzen als Therapie des Diabetes die möglichst vollständige Entziehung

der Kohlehydrate in der Nahrung neben gleichzeitiger Darreichung von Glycerin vor.

Am Schlusse seiner oben citirten Mittheilungen stellt
Schultzen Belege über die Erfolge der Therapie, enthalten in zwei Krankengeschichten, in Aussicht. Diesem
Versprechen nachzukommen, soll meine Aufgabe für die
folgenden Blätter bilden.

Bereits am Anfang meiner klinischen Praxis (1872. I.)
hatte ich Gelegenheit, die beiden ersten in Folgendem
mitzutheilenden Fälle auf der medicinischen Abtheilung des
Universitäts-Klinikum's zu Dorpat, unter der Leitung des
Prof. Schultzen zu behandeln und dabei ausführlichere
Beobachtungen anzustellen. Sie haben mir auch zu weiteren Untersuchungen Anlass und Anregung gegeben, die
ich anfangs als zweiten Theil meiner Arbeit hinzuzufügen
gedachte, deren Veröffentlichung ich mir aber augenblicklich
noch versagen muss, da dieselben weitere Dimensionen
angenommen, als sich anfangs voraussehen liess, während
gleichzeitig anderorts übernommene Verpflichtungen mich
nöthigen, die Veröffentlichung der vorliegenden Beobachtungen zu beschleunigen. Im engen Anschluss an die
Resultate der Arbeit Schultzen's handelte es sich nämlich um den Nachweis, wie und wo im Körper die normale
Spaltung des Zuckers, wie sie Schultzen als nothwendig
deducirt hatte, vor sich gehe. Dass dieselbe auf einem
fermentativen Prozesse beruhe, durfte von vornherein angenommen werden, ebenso, dass dieser Process ausserhalb
des Blutes, d. h. schon ehe der Zucker ins Blut diffundirt,
vor sich gehe. Den Beweis dafür auf experimentell-che-
mischem Wege zu führen, hatte ich mir zur Aufgabe

gestellt und hoffe ich, die Resultate dieser Untersuchungen
in nicht gar langer Zeit publiciren zu können.

Was den dritten, in Nachstehendem mitgetheilten
Krankheitsfall betrifft, so wurde derselbe 1872. II. ebenfalls
auf der medicinischen Klinik zu Dorpat unter der Leitung
des Prof. A. Vogel von mir behandelt.[1] Ich trage kein
Bedenken, auch diesen Fall hier mitzutheilen, da er in
mancher Beziehung erwähnenswerth, wenn ich mir auch
sagen muss, dass dem indirecten Beweise, wie er in dem
dritten Falle enthalten ist, durchaus nicht soviel Bedeutung
zuzuschreiben ist, als dem directen Beweise, den die beiden
ersten Fälle enthalten.

An kranken Individuen, und noch dazu an Diabetes-
Kranken zu experimentiren, ist bekanntlich keine leichte
Aufgabe, und diese Schwierigkeit ist auch wohl der Grund
dafür, dass wir im Ganzen ein noch so geringes, wirklich genaues Beobachtungsmaterial zur Verfügung haben. Ich gebe
mich der Hoffnung hin, dass unsere Untersuchungen die
Ueberzeugung wecken werden, dieselben seien mit allen
bei den nicht glänzenden äusseren Verhältnissen unseres
Klinikum's nur möglichen Cautelen angestellt worden.
Für die erste Bedingung, um bei einem Diabetes-Kranken erfolgreich zu experimentiren und zu beobachten,
halten wir, dem Kranken das Trinkwasser in unverkürzter
und unbegrenzter Menge zuzuführen; denn im entgegen-
gesezten Falle ist man unvermeidlichen Betrügereien von
Seiten der Kranken ausgesetzt, die sie mit vollendeter

---

1) Prof. Schultzen, der mich während meiner Arbeit aufs Freund-
lichste unterstützt hat, verliess Dorpat im October 1872.

Raffinirtheit auszusinnen wissen. [1]) Ebenso muss, wenn
wir ihnen auch die Qualität der Diät ändern, die Quan-
tität derselben jedenfalls zur Stillung des Hungergefühles
hinreichen. Dass solche Kranke isolirt werden müssen, ist
selbstverständlich. Nähere Angaben werden unten erfolgen.
Mit voller Genugthuung ergriff ich eine, sich an die
Untersuchungen Schultzen's über den Diabetes mellitus
eng anschliessende Arbeit, da hier in der That die physio-
logisch-chemische Untersuchung und die aus den Errun-
genschaften derselben deducirte Theorie mit der praktischen Beobachtung in vollem Einklang stehen, da Physiologie, Pathologie und Therapie sich hier zur Erschliessung
des Wesens eines bisher dunklen Krankheitsprocesses die
Hand reichen.

---

1) Mir ist kürzlich ein Fall mitgetheilt worden, in welchem ein
Diabetiker, an welchem Stoffwechsel-Untersuchungen angestellt wurden, das
schmutzige Seifenwasser aus den Waschbecken zu sich genommen hatte,
eine Thatsache, die erst spät nach Abschluss der Untersuchungen ermittelt
wurde.

II.

1) Krankengeschichte des Jaan Koppel.

Jaan Koppel, 33 Jahr alt, ist verheirathet und hat zwei Kinder, deren eines 3 Jahr, deren anderes 3 Monat zählt. Frau und Kinder des Patienten sind gesund. Der Vater des Patienten lebt unter sehr ärmlichen Verhältnissen, die Mutter ist vor kurzer Zeit an der Schwindsucht gestorben. Patient erinnert sich nicht, irgend welche schwerere Krankheit in seinem bisherigen Leben durchgemacht zu haben.

Er lebte als esthnischer Bauer bisher am Strande des Peipus, wo er er sich seinen Lebensunterhalt einerseits durch Fischfang, andererseits als Maurer erworben hat.

Sein jetziges Leiden datirt Patient seit dem September d. J. 1870. Er bemerkte nämlich, wie, scheinbar ohne Ursache, seine Kräfte immer mehr und mehr schwanden, wie gleichzeitig seine Harnausscheidung sich vermehrte und dabei sein Durst- und Hungergefühl immer bedeutender wurde. Zu Bett hat Patient während dieser Zeit nicht gelegen und in Erwartung auf baldig eintretende Besserung seiner Leiden auch keine Mittel dagegen anzuwenden versucht, bis ihn die gesteigerte Abmagerung und Kräfteabnahme dazu bewogen, sich am 18. Januar 1872 an die therapeutische Klinik mit der Bitte um Aufnahme zu wenden. Von weiteren Beschwerden seit seiner Erkrankung will Patient namentlich eine gesteigerte Neigung zu Erkältungen beobachtet haben, die, besonders wenn Patient

in seinem Berufe der kalten Luft sich ausgesetzt, in Husten
und Frösteln sich äusserte. Ausserdem will Patient eine beson-
dere Trockenheit seiner Haut bemerkt haben, jedoch ohne ent-
zündliche Processe auf derselben. In Bezug auf sein Durstgefühl sagt Patient aus, er habe bemerkt, wie es für ihn gün-
stiger sei, wenn er demselben nicht im vollem Masse nachgebe;
nichtsdestoweniger muss er täglich reichlich 5 Stoof[1]) Wasser
zu sich nehmen. Die Verdauung ist während der Krankheit
stets normal gewesen.

Patient ist von kleiner Statur und kräftigem Knochenbau.
Sein Körper zeigt die Erscheinungsformen einer hochgradigen
allgemeinen Atrophie. Die Fettpolster unter der Haut sind
geschwunden, die Augen liegen tief, die Wangen sind einge-
fallen, die Gesichtszüge sind spitz; überall springen die Knochen
stärker hervor. Die Muskulatur ist bedeutend reducirt und
schlaff. Die sichtbaren Schleimhäute sind anämisch, die Haut
ist trocken, glanzlos, pigmentirt, wenig elastisch, und an eini-
gen Stellen (Gesicht, Hals, Gelenke) stark geröthet, die Haut-
functionen sind sehr vermindert. Die Zähne sind von guter
Beschaffenheit, die Zunge ist schlaff, etwas rissig, leicht belegt,
die Mundhöhle trocken. Auf beiden Augen leichtes Corneal-
staphylom und beginnender Cataract. Die Körpertemperatur
ist etwas unter der Norm, Körpergewicht = 50300 Grm.

Die Intelligenz ist ungestört, das Bewusstsein klar. Patient
klagt über heftiges Durst- und Hungergefühl, Kräftemangel und
Sehstörungen. Schmerzen empfindet Patient nicht, abgesehen
von einem leichten Schmerz in der Urethra während des
Urinirens.

Der Spitzenstoss des Herzens ist von normaler Stärke
und befindet sich in der Höhe der fünften Rippe, etwas medianwärts von der Mamillarlinie. Als Grenzen der Herzdämpfung
erweisen sich nach oben die dritte Rippe, nach rechts der linke

---

1) Ein Stoof = 1¼ Liter.

Sternalrand, nach abwärts die fünfte Rippe. Die Herztöne
sind rein. Der Puls ist voll, schwer comprimirbar, die Frequenz desselben beträgt 52 pr. min.

Der Thorax ist gut gebaut, gewölbt, zeigt in der Höhe
der Mamillen einen Umfang von 94 Cm. Die Brustmuskulatur
ist in hohem Grade atrophirt. Die Respiration ist regelmässig
und ruhig, von ziemlich bedeutender Frequenz (26 pr. min.).
Die Lungengrenzen reichen in der Parasternal- und Mamillarlinie
bis zur 6. Rippe, in der Axillarlinie bis zur 7. Rippe, am
Rücken nahe der Wirbelsäule bis zur 11. Rippe. Der Percussionsschall ist überall sonor-tympanitisch; die Auscultation ergiebt vesiculäres Athmen, an den Lungenspitzen, besonders
rechterseits, etwas verschärft. Leichter Husten ohne Expec-
toration.

Der Druck auf das Abdomen ist nirgends empfindlich. Die relative Leberdämpfung beginnt in der Mamillarlinie
mit der 4. Rippe, die complete mit der 6. und reicht hier bis
zur 7. Rippe, in der Axillarlinie erstreckt sie sich von der 5.
bis 7. Rippe, dann von der 6. bis 8., 8. bis 9. etc. Nach links
reicht die Leberdämpfung bis zum linken Sternalrand. Die
Milzdämpfung ist zwischen der 7. und 9. Rippe nachweisbar.
In Bezug auf den Magen und Darm lässt die klinische Untersuchung nichts Abweichendes erkennen. Der Appetit ist in
hohem Grade gesteigert, namentlich das Verlangen nach Amylaceen. Der Stuhl ist normal, regelmässig, einmal täglich. Der
Mundspeichel reagirt schwach sauer.

Die mit ihrem Scheitel bis zur Nabelhöhe emporragende
Blase ist durch Percussion und Palpation leicht nachweisbar.
Beim Uriniren empfindet Patient einen leichten brennenden
Schmerz in der Urethra. Die Schleimhaut des orificium ure-
thrae und des praeputium erscheint leicht entzündet und zeigt
einige seichte Narben. Die Geschlechtsfunctionen scheinen
nicht alterirt zu sein. Der entleerte Harn ist von hellgelber
Farbe, etwas dicklicher, klebriger Consistenz, wenig pronon-

cirtem Geruch, süsslich-fadem Geschmack und verstärktem Lichtbrechungsvermögen. Das specifische Gewicht des Harns beträgt 1,041, die Reaction ist deutlich sauer. Die 24-stündige Gesammtmenge beträgt 6000—7000 KCm. In Bezug auf die festen Bestandtheile des Harns lässt sich schon durch die qualitativen Versuche (Erwärmen mit Aetzkali-Lösung und Zusatz von Salpetersäure, Reduction eines Wismuthsalzes oder einer Kupferlösung) der bedeutende Zuckergehalt des Harns nachweisen, der sich mit Hilfe der Titrirmethode auf 5—6 % feststellen lässt. Die Gesammtquantität des in 24 Stunden ausgeschiedenen Zuckers beträgt somit 300—400 Grm. Die übrigen festen Bestandtheile des Harns sind relativ nicht vermindert. Der Harnstoffgehalt beträgt etwa 2 %, der an ClNa etwa 1 %. Der Harn ist eiweissfrei.

Die klinische Diagnose, deren nähere Motivirung nach dem oben Gesagten überflüssig erscheinen dürfte, lautete: Diabetes mellitus, Bronchialcatarrh, leichte Verdrängung der nicht vergrösserten Leber nach aufwärts.

Zum Zweck der leichteren Orientirung und Uebersicht geben wir den weiteren Verlauf der Krankheit, soweit wir ihn beobachtet, in Form einer Tabelle, in welcher zugleich die Bemerkungen über den allgemeinen Gesundheitszustand des Patienten, über Diät etc. ihre Stelle finden sollen. In Bezug auf diese tabellarische Uebersicht haben wir noch Folgendes zu bemerken:

Die quantitative Zuckerbestimmung wurde täglich mit Hilfe der Titrirmethode mittelst einer genau zubereiteten Fehling'schen Lösung, die beim Erwärmen für sich kein Kupferoxydul abschied, gemacht. Von Zeit zu Zeit wurden

Controllversuche mittelst eines Soleil-Ventzke'schen Sachari-
meters von einem anderen Beobachter angestellt.

Ueber den Werth nud die Genauigkeit der verschiedenen Methoden der Zuckerbestimmung hier noch etwas
hinzuzufügen, dürfte um so mehr überflüssig erscheinen,
als es schon längst feststeht, dass keine von ihnen allen
Anforderungen entspricht. Wir haben die Titrirmethode
gewählt, nicht weil wir sie für die genaueste halten, sondern weil sie mit grosser Bequemlichkeit und Schnelligkeit
der Ausführung doch eine gewisse Genauigkeit verbindet.
Bei derartigen Untersuchungen, wie sie hier vorliegen, ist
es auch nicht erforderlich, dass die Zahl, die sich bei
einer Zuckerbestimmung ergiebt, an sich absolut genau sei,
viel mehr kommt darauf an, dass das Verhältniss der einzelnen Beobachtungen zu einander ein richtiges sei. Ar-
beitet man demnach mit einer zuverlässigen Lösung und
mit der erforderlichen Uebung, so gewährt die Beobachtungsreihe volle Sicherheit. Anders natürlich müssen die
Anforderungen da sein, wo es sich um genaue Stoffwechsel-
untersuchungen, um genaue Ermittelungen des Verhält-
nisses des aufgenommenen zum ausgeschiedenen Zucker
handelt.

Das Körpergewicht des Patienten wurde täglich um
dieselbe Zeit mit Anwendung aller möglichen Cautelen,
mittelst einer guten Decimalwage, auf welcher 1 (resp. 10)
Grm. noch einen deutlichen Ausschlag gaben, bestimmt.
Die Harnstoffbestimmung wurde täglich nach der Bunsen-
schen Verbrennungsmethode und gleichzeitig von einem
anderen Beobachter nach der Liebig'schen N— Titrir-

methode ausgeführt; letzterem Beobachter [1]) verdanke ich auch die Kochsalzbestimmung nach der Titrirmethode mit salpetersaurem Silber und chromsaurem Kali. — Der Kranke befand sich zusammen mit einem zweiten Diabetes-Kranken, (Nr. II.) in einem besonderen Zimmer, das stets abgeschlossen gehalten wurde, und zu welchem nur Director, Assistent, Practicant und Wärterinn Zutritt hatten. Später wurden noch Thüre und Fenster versiegelt. Die Harnmenge wurde täglich um 9 Uhr Morgens in einem Glase gemessen, welches 1000 Ccm. enthielt, und in welchem 10 Ccm. noch abgelesen werden konnten. Gleich darauf wurde auch das specifische Gewicht des Harns festgestellt und die Reaction, welche stets sauer war, geprüft. Trinkwasser erhielt Patient stets in beliebiger Menge. Etwaige Unterschleife, die Patient trotz der Bewachung sich in Bezug auf seine Diät einige Male hat zu Schulden kommen lassen, wurden stets ermittelt und sind gehörigen Orts vermerkt. Die aus den Beobachtungen je einer Woche berechneten täglichen Durchschnittswerthe, welche wir auf der kleinen Tabelle zusammengestellt, dürften zum Zweck der Uebersicht, namentlich über die Verhältnisse des Körpergewichts, dessen tägliche Schwankungen nicht unbedeutende, von Wichtigkeit sein.

---

1) Herr Dr. Brunner in Dorpat unterzog sich mit der grössten Bereitwilligkeit dieser mühsamen Arbeit, wofür ich mich gedrungen fühle, ihm meinen herzlichsten Dank zu sagen.

Durchschnittswerthe für je eine Woche aus den täglichen Beobachtungen berechnet.

Datum.	Harnmenge in Ccm.	Zuckermenge in pCt.	Absol. Zucker- menge in Grm.	Körpergewicht in Grm.
19. bis 25. Januar	7360	5,90	438,7	50040
26. Jan. bis 2. Febr.	3380	3,95	137,1	49540
3. bis 9. Febr.	2280	2,79	64,3	48870
10. bis 16. Febr.	1930	2,08	40,3	49120
17. bis 23. Febr.	1820	2,15	40,6	48830
24. Febr. bis 1. März.	1780	2,30	41,3	48310
2. bis 8. März.......	1440	2,62	36,6	46940
9. bis 15. März.	....	....	....	48130
16. bis 20. März. ...	....	....	....	48090

2) Krankengeschichte des Wulf Kliwalsky.

Wulf Kliwalsky, 23 Jahr alt, hat seinen Vater bereits vor 11 Jahren an einer dem Patienten unbekannten Krankheit verloren; die Mutter lebt, ist jedoch in hohem Grade kränklich. Patient, von jüdischer Abstammung und seinem Geschäft nach Schuhmacher, hat bereits vor sechs Jahren geheirathet und während seiner Ehe drei Kinder gezeugt, deren zwei bereits gestorben, während das dritte noch lebt und gesund ist. Mit dem vierten geht seine, übrigens gesunde, Frau soeben schwanger. Patient giebt an, vor Beginn seines jetzigen Leidens stets gesund gewesen zu sein und keine schwerere Krankheit durchgemacht zu haben. In Bezug auf den Beginn seines augenblicklichen Leidens giebt Patient an, dasselbe habe vor etwa zwei Jahren begonnen, ohne dass Patient im Stande wäre, eine Ursache für dasselbe anzugeben. Er will zunächst eine

Neigung zu Schweissen und eine starke Vermehrung seines
Durstgefühls wahrgenommen haben, zu dessen Stillung er ge-
nöthigt wurde, in immer steigenden Mengen Wasser zu sich zu
nehmen. Zugleich nahm Patient eine Vermehrung seines Appetits und eine Steigerung seiner Harnausscheidung wahr. In
Bezug auf seine Leistungen in geschlechtlicher Beziehung will
Patient eine Abnahme bemerkt haben. Sein allgemeiner Er-
nährungszustand verschlechterte sich indessen, trotz der vermehrten Nahrungszufuhr, sichtlich, und seine Kräfte schwanden
immer mehr und mehr, so dass ihm in der letzten Zeit das
Arbeiten unmöglich wurde. Der Stuhl des Patienten war während seiner Krankheit stets retardirt und von fester Beschaffenheit. Zugleich stellten sich allmälig Schmerzen im Bauch,
in der Brust etc. ein. Patient hat sich seines Leidens wegen
einer Cur bei einem Quacksalber unterworfen, der ihm „ein
paar Pulver" gegeben, die für einige Zeit „geholfen" und ihm
seine Kräfte wieder gestärkt haben sollen. Patient giebt an,
dass seine tägliche Wasserconsumption noch vor einem halben
Jahre sich auf wenigstens 12—15 Stof (15—19 Liter!) belaufen
und auch sein Appetit enorm gesteigert gewesen, während in
letzter Zeit beides bedeutend gesunken; nur nach kräftigeren
Mitteln, wie Wein etc., empfindet Patient noch ein lebhaftes
Verlangen. Die immer mehr sich steigernde Kräfteabnahme
veranlasste Patienten, am 23. Jan. 1872 Hilfe auf der medic.
Klinik zu suchen.

W. K., 23 Jahr alt, ist von kleiner Statur. Seine allgemeinen Ernährungsverhältnisse sind als überaus mangelhafte
zu bezeichnen. Die Muskulatur ist in hohem Grade atrophisch
und vom subcutanen Fettgewebe so gut wie nichts mehr vorhanden. Der Knochenbau zeigt nichts Abnormes. Die Haut
ist rein, überaus trocken, etwas pigmentirt und von geringer
Elasticität. Die sichtbaren Schleimhäute zeigen einen hohen
Grad von Anämie. In der Gegend des grossen Trochanters
am rechten Oberschenkel befindet sich eine halbkugelige Ge-

schwulst, die beiläufig den Umfang einer starken Haselnuss
hat. Dieselbe ist von elastisch-harter Consistenz und in hohem
Grade unter der Haut verschiebbar; letztere ist über der Ge-
schwulst nicht verändert. Nach Angabe des Patienten hat sich
dieselbe seit etwa 2—3 Jahren allmälig zur genannten Grösse
entwickelt. Das Körpergewicht beträgt 42350 Grm., Körpertemperatur: 36,3°C. Auf beiden Augen beginnende Linsentrübung.

Die Intelligenz des Patienten lässt nichts zu wünschen
übrig. Das Bewusstsein ist ungetrübt. Patient fühlt sich in
hohem Grade matt und schwach und ist daher sehr melancho-
lisch gestimmt. Ausserdem klagt Patient über Dunkelsehen,
sowie über Schmerzen im Bauch und in der Brust, namentlich
in der rechten Thorax-Hälfte und zwar besonders im rechten
Hypochrondrium, endlich über Eingenommenheit des Kopfes und
über einen lebhaften Schmerz im Unterleib und in der Urethra
beim Uriniren.

Der sehr schwache und kaum zu palpirende Spitzenstoss
befindet sich unterhalb der 4. Rippe etwas medianwärts von
der Mamillarlinie. Die Herzdämpfung reicht nach oben
bis zum 3., nach unten bis zum 4. Intercostalraum und nach
rechts etwa bis zur Mittellinie des Sternums. Die Herztöne sind
rein, aber schwach und zeigen eine auffallende Unregelmässig-
keit, so zwar, dass nach 3—5, in regelmässigen Intervallen
sich folgenden Schlägen ein bedeutend schnellerer folgt. Der
Puls ist voll, unregelmässig, 68 pr. min. Anämische Geräusche
an den Jugularvenen.

Der Thorax ist sehr flach und in hohem Grade abgemagert. Die Lungen reichen in der Mamillarlinie bis zur 5.
Rippe, an der Wirbelsäule bis zur 10. Der Percussionsschall
ist überall voll und sonor. Die Auscultation ergiebt überall
verschärftes vesiculäres Athmen. Die Respiration ist ruhig und
regelmässig, 14 pr. min. Der Umfang des Thorax beträgt in
der Höhe der Mamillen 83 Cm. Husten ist nicht vorhanden.

Die Adspection der Mundhöhle ergiebt, dass die Zähne in

2*

gutem Zustande sind; die Zunge ist feucht, schlaff und nach der Mitte zu leicht belegt. Die Adspection des Abdomen's ergiebt nichts Abweichendes; bei der Palpation erweist sich der Druck auf die Magen- und Lebergegend als sehr empfindlich; die relative Leberdämpfung beginnt in der Mamillarlinie an der 4. Rippe, die absolute an der 5. und lässt sich hier nur bis zur 6. Rippe deutlich nachweisen, während sie in der Axillarlinie von der 5. Rippe bis zum 7. Intercostalraum sich erstreckt. In der Parasternallinie reicht die Leber bis zum Rippenrande, während sie denselben in der Mamillarlinie nicht mehr erreicht, und weiterhin nach rechts sich mehr und mehr von demselben entfernt. Nach links reicht die Leberdämpfung bis zum linken Sternalrand. Die Milz ist nicht vergrössert. Der Stuhl ist retardirt, erfolgt etwa einmal während zweier Tage und ist von fester Beschaffenheit. Der Durst ist mässig (Patient trinkt ca. 2—3 Stof Wasser in 24 Stunden). Der Appetit ist wenig vermehrt. Der Mundspeichel reagirt schwach sauer.

Der fundus der gefüllten Harnblase ist etwa zwei Fingerbreit über der Symphysis ossium pubis zu palpiren. Das Uriniren ist für den Patienten mit unangenehmen Empfindungen im Abdomen und einem brennenden Schmerz in der Urethra verbunden. Der entleerte Harn ist klar, von hellgelber bis strohgelber Farbe, saurer Reaction, klebriger Beschaffenheit, verstärktem Lichtbrechungsvermögen und prononcirt süsslichem Geschmack. Das specifische Gewicht des Harnes beträgt: 1,032. Die Gesammtmenge pr. 24 St. = 11660 Ccm. Durch die bekannten, auf pg. 17 angeführten Reactionen lässt sich der bedeutende Zuckergehalt des Harnes nachweisen, der sich mit Hülfe der Titrirmethode auf 5,9 % feststellen lässt. Die 24-stündige Gesammtmenge des Zuckers beträgt somit: 692 Grm. Der Harn ist eiweissfrei. Die übrigen festen Bestandtheile des Harns sind relativ nicht vermindert: der Harnstoffgehalt beträgt etwa 2 %, der Kochsalzgehalt etwa 1 %.

Die klinische Diagnose lautete unzweifelhaft: Diabetes mellitus.

N. I.)
e, ist

ab.
rot zu

nieden
oben.
ftigter
nianus
ie Pa-
ltenen
Zucker

schaft.

mittags

Durchschnittswerthe für je eine Woche aus den täglichen Beobachtungen berechnet.

Datum.	Harnmenge in Ccm.	Zuckermenge in Proc.	Absol. Zuker-menge in Grm.	Körpergewicht in Grm.
25. bis 26. Jan......	9450	6,5	618,0	41710
27. Jan. bis 2. Feb..	3707	4,0	168,3	40974
3. bis 9. Feb.......	2357	2,7	64,3	41453
10. bis 16. Febr. ...	1793	2,6	47,5	42050
17. bis 23. Febr. ...	1721	3,1[1])	53,2	42060
24. Febr. bis 1. März	1837	2,7	49,8	42101
2. bis 8. März......	1365	2,4	32,2	41293
9. bis 15. März.....	....	...	....	41260
16. bis 21. März....	....	...	....	41388
27. April bis 3. Mai.	1574	4,0	62,9	40320
4. bis 10. Mai......	1502	4,7	70,0	40480
11. bis 17. Mai.....	....	...	....	41230
18. bis 24. Mai.....	....	...	....	42150
24. bis 30. Mai.....	....	...	....	42300

Betrachten wir den Krankheitsverlauf in den beiden, in Vorstehendem geschilderten Fällen, wobei die Diagnose von vorneherein als gesichert angesehen werden durfte, so ergiebt sich uns, dass beide Patienten, besonders aber der im Falle Nr. II besprochene, in einem sehr desolaten Zustande in die Klinik eintraten; ja Letzterer schien bereits dem Ende nicht mehr fern zu sein. Die 24-stündige Harnmenge überschritt bei beiden 11000 Ccm., die Zuckermengen gingen über ein Pfund pro die hinaus. Die Patienten er-

---

1) cf. Tab. II. d. 17. u. 18. Febr.

hielten in den ersten Tagen eine gemischte Diät, die an
Kohlehydraten durchaus nicht arm war. Die Zuckermengen
schwankten in diesen Tagen zwischen 360 und 616 (resp.
500 und 600) Grm., die Harnmengen zwischen 6000 und
12000 (resp. 7000 und 11000) Ccm. Es wurde desshalb
bald eine bedeutende Veränderung in der Diät eingeschlagen,
indem Patienten das Brot völlig entzogen, die Milch in
geringerer Menge und sonst nur Fleisch und Eier gereicht
wurden. Diese Diät behielten die Kranken vom 26/I. bis
zum 27/II., also über vier Wochen und dann später wieder
vom 5/III. ab. Gleich am ersten Tage sank die Harnmenge
von 11870 auf 3910 Ccm. (resp. von 7240 auf 4250), die
Zuckermenge von 616 auf 244 Grm. (resp. von 516 auf
236), so dass also trotz der bedeutenden Abnahme der
Harnmenge auch der relative Zuckergehalt vermindert war!
Dabei durften die Kranken eine beliebige Menge Wasser
zu sich nehmen. Im Verlauf der nun folgenden Wochen
sank die Harnmenge allmälig bis zur Norm herab, also
etwa auf $\frac{1}{8}$ ihrer ursprünglichen Höhe. Zugleich hob sich
die Stimmung, das Allgemeinbefinden und das Kraftgefühl
der Kranken um ein Bedeutendes, so dass dieselben sich,
obgleich sie stets unter Schloss und Riegel gehalten wurden,
wohl fühlten und heiter gestimmt waren. Der evidente
Erfolg, der sich für sie darin documentirte, dass nunmehr
ein Harnglas ausreichte, um ihre täglichen Bedürfnisse
aufzunehmen, während sie früher, gepeinigt von beständi-
gem Harndrange, deren 6 bis 8 gebraucht, konnte ihnen
nicht verborgen bleiben. Ihr Appetit war ein guter, ihr
Durstgefühl das eines gesunden Menschen. Interessant war
es, wie jedesmal, wenn die Kranken sich heimlich ein Stück

Brot verschafft, der Erfolg hievon sofort am folgenden Tage
durch eine deutliche Zunahme der Harnmenge und des
Zuckergehalts nachzuweisen war (vgl. die besonders ge-
kennzeichneten Stellen in der siebenten Colonne auf Tab.
I und II); Patienten waren dann auch meist leicht zum
Geständniss zu bringen. Diese plötzliche, meist nur auf
einen, höchstens zwei Tage beschränkte Steigerung des
Zuckergehaltes im Harn bei einmaliger Zufuhr einer ge-
wissen Menge von Kohlehydraten in der Nahrung, worauf
dann wieder ein bedeutender Abfall folgt, illustrirt am
Besten die vollkommene Abhängigkeit des Zuckergehalts
im Harn von dem mit der Nahrung aufgenommenen Zucker.

Nachdem nun Patienten auf eine constante, nahezu
normale Harnausscheidung gebracht worden waren (bei
einer täglichen Zuckerausscheidung von 30 bis 40 Grm.,
die den in der Milch aufgenommenen Kohlehydraten noch
entsprach), so wurde ein Jeder von ihnen einem besondern
Experimente unterworfen. Der Patient im Fall Nr. I erhielt nämlich vom 11. bis zum 20. Februar zweimal täglich eine subcutane Injection von je Gr. ¼ Morph. muriat.

Der günstige Einfluss der Opiate auf die Zuckerausscheidung im Harn der Diabetes-Kranken ist schon seit
längerer Zeit von verschiedenen Seiten hervorgehoben
worden. Wenn man den Zuckergehalt im Harn bei Darreichung grosser Dosen Opium und Morphium, deren der
Diabetiker auffallend grosse Mengen ohne Schaden ver-
trägt, um ein Bedeutendes fallen sah, so erklärte man
dies einfach dadurch, dass durch diese Mittel der Stoffwechsel herabgesetzt und so auch der Zuckerumsatz im
Körper vermindert würde. Diese Erklärung scheint uns

jedoch sehr hypothetisch zu sein. Zugegeben auch, dass
das Opium und seine Präparate im Stande sind, den Stoffwechsel innerhalb des thierischen Organismus direct herabzusetzen, so scheint uns doch die Abhängigkeit der im
Harn eines Diabetes-Kranken ausgeschiedenen Zuckermenge
vom Stoffwechsel desselben durchaus keine so directe zu
sein, dass eine Herabsetzung des Letzteren eine Verminderung der Ersteren stets im Gefolge haben muss. Viel
naheliegender dürfte wohl die Erklärung sein, dass durch
die Opiate das Hungergefühl und die Nahrungsaufnahme
des Kranken vermindert werden, und dass in Folge der
verringerten Aufnahme von Kohlehydraten auch ihre Ausscheidung eine geringere ist. Freilich bleibt dabei noch
die Möglichkeit offen, dass durch das Opium die Resorp-
tion des Zuckers vom Darm aus verlangsamt wird. Jedenfalls erschien es uns lohnend, einen Versuch mit diesen
Mitteln anzustellen.

Ein Blick auf die Tabelle I. lehrt jedoch, dass derselbe ein völlig negatives Resultat ergab. Der Kranke,
bisher nicht an Opiate gewöhnt, erhielt die grosse Menge
von gr. β Morph. muriat. p. die subcutan applicirt und es
liess sich während der zehn Versuchstage jedenfalls keine
deutliche Abnahme des Zuckergehalts nachweisen. Die
Dosis war entschieden noch zu klein für einen Diabetiker,
was sich auch darin zu erkennen gab, dass dieselbe absolut wirkungslos auf das Nervensystem, das Hungergefühl
und die Harnstoffausscheidung blieb. Grössere Dosen anzuwenden, hielten wir jedoch nicht für rathsam, da sie
dem Patienten leicht hätten schädlich werden können;
denn es leuchtet ein, dass, wenn wir auch im Stande sind,

durch grosse Dosen Opium den Zuckergehalt im Harn
eines Diabetikers herabzusetzen, wir jedenfalls einen günstigen Einfluss auf die Krankheit nicht ausüben, das Allgemeinbefinden nicht bessern, viel eher aber dazu beitra-
gen werden, der allgemeinen Atrophie des Körpers durch
Herabsetzung der Nahrungsaufnahme noch Vorschub zu
leisten und so den letalen Ausgang der Krankheit zu
beschleunigen.

Unterdessen wurde der Patient im Falle Nr. II. einem anderweitigen Versuche unterworfen, der zu einem
sehr günstigen Resultate führte. Veranlasst durch den
Umstand, dass eine plötzliche Steigerung der Zufuhr von
Kohlehydraten auch eine plötzliche Zunahme des Zuckergehalts im Harn verursache, führten wir dem Patienten an
zwei aufeinanderfolgenden Tagen je 50 Grm. Rohrzucker
zu. Der Erfolg blieb nicht aus. Da die Zuckerzufuhr auf
zwei Tage vertheilt war, so mussten wir erwarten, dass
auch die Ausscheidung dieser Mengen innerhalb einiger
Tage erfolgen werde, und zwar musste der zweite Tag ein
Maximum der Ausscheidung zeigen. Ein Blick auf die
Tabelle II. lehrt uns dies deutlich. Nehmen wir die
Durchschnittsmenge des Zuckergehalts im Harn an den vor-
hergehenden und nachfolgenden Tagen etwa zu 40 Grm.
an, so übertreffen die Ausscheidungsquanta an den Ver-
suchstagen diesen Durchschnittswerth: am ersten Tage um
20 Grm., am zweiten um 30 Grm., am dritten um 28 Grm. und
am vierten um 12 Grm., in Allem 90 Grm. Von 100 Grm. zugeführten Zuckers erschienen also 90 Grm. im Harn wieder,
während die übrigen 10 Grm. entweder durch den Darm ausgeschieden oder zum Theil anderweitig umgesetzt worden.

Dieser Versuch spricht wohl mit grosser Wahrscheinlichkeit dafür, dass die grösste Menge des im Harn eines Diabetikers auftretenden Zuckers aus den Kohlehydraten der Nahrung stamme, dass also das Wesen des Diabetes in einer behinderten Umsetzung derselben im Körper bestehe. Der etwa noch mögliche Einwurf, dass es sich bei einer vermehrten Zufuhr von Kohlehydraten um eine Steigerung derjenigen pathologischen Processe handeln könne, welche die Zuckerausscheidung im Harn bedingen und veranlassen, eine Anschauung, die ohnehin an Unklarheit nichts zu wünschen übrig liesse, fällt weg gegenüber dem Nachweis des unmittelbaren und directen quantitativen Abhängigkeitsverhältnisses des ausgeschiedenen Zuckers vom aufgenommenen, wie wir es in den beschriebenen Fällen wiederholentlich und unanstreitbar zu beobachten und nachzuweisen Gelegenheit hatten. Doch kehren wir zu unsern Versuchsobjecten zurück.

Bis zum 27/II. erhielten beide Patienten eine Diät, in der etwa 40 Grm. Kohlehydrate pro die noch enthalten waren; es lag daher nahe, die Ausscheidung von etwa 40 Grm. Zucker im Harn (während 24 Stunden) auf diesen Gehalt der Nahrung an Kohlehydraten zurückzuführen und den Versuch anzustellen, ob die Zuckerausscheidung bei Darreichung einer an Kohlehydraten absolut freien Nahrung ebenso rasch auf Null herabsinken würde, wie die Zuckermengen im Harn bei einer bedeutenden Verminderung der Zuckerzufuhr in der Nahrung gefallen waren. Beide Patienten erhielten daher vom 27/II. ab täglich 5 ℔ Fleisch, dass zuvor in grösserer Menge längere Zeit hindurch in heissem Wasser gründlich extrahirt, und dann mit Fett, Salzen und Gewürzen wieder einigermassen schmackhaft zubereitet worden war. Es darf wohl angenommen werden, dass in einer solchen Nahrung höchstens unmessbare Spuren von Kohlehydraten noch vorhanden gewesen. Um alle Fehlerquellen nach Möglichkeit zu vermeiden, wurden die Vorsichtsmassregeln noch verschärft und die Patienten von allem Verkehr mit der Aussenwelt völlig abgeschlossen. Wir beabsichtigten anfangs, den Versuch auf längere Zeit auszudehnen, doch wurde leider diese Absicht vereitelt; denn beide Patienten hielten die einförmige Nahrung nur wenige Tage aus; es stellte sich Unwohlsein, Appetitlosigkeit, Erbrechen und Durchfall ein, und es wäre unverantwortlich gewesen, die Kranken längere Zeit hindurch einem Versuche auszusetzen, unter welchem ihre Ernährung augenscheinlich in hohem Grade leiden musste. Immerhin erhielten Beide während 4—5 Tagen keine Spur von Kohlehydraten in der Nahrung zugeführt, dagegen sehr bedeutende Mengen von Eiweiss und leimgebender Substanz. Das Resultat davon war, dass die Zuckermengen im Harn eher zu- als abnahmen. Die plötzliche Abnahme in den ersten Tagen des März (vgl. die Tabellen) ist nur dem Umstande zuzuschreiben, dass Patienten fast jede Nahrung in diesen Tagen verschmähten, (wofür auch die Abnahme des Harnstoffgehaltes im Harn spricht); also trotz des völligen Ausschlusses der Kohlehydrate aus der Nahrung war eine geringe Zunahme (von 40 auf etwa 50—60 Grm.), jedenfalls keine Abnahme des Zuckergehalts im Harn zu constatiren. Wir glauben nicht, dass obigem Versuche wegen der Kürze der Beobachtungszeit alle Bedeutung abzusprechen sei; denn berücksichtigen wir die bei den früheren Versuchen gemachten Erfahrungen, so finden wir, dass die Erfolge einer etwaigen Veränderung der Zuckerzufuhr in der Nahrung sich sehr bald, stets schon am folgenden Tage, geltend machten, ein Moment, welches auch seinerseits im Stande war, uns das directe Abhängigkeitsverhältniss des ausgeschiedenen vom aufgenommenen Zucker zu illustriren. Bei Berücksichtigung dieser Erfahrungen muss auch der Einwurf, dass es sich hier nur um eine nachträgliche, sehr langsam von Statten gehende Auslaugung der zuckerhaltigen Gewebe handle, als unwahrscheinlich bezeichnet werden. Sehen wir nun im vorliegenden Falle bei einem 4—5-tägigen vollständigen Ausschlusse der Kohlehydrate aus der Nahrung die Zuckermengen im Harn eher steigen als fallen, so lässt sich diese Thatsache wohl nur so deuten, dass innerhalb des thierischen Körpers auch aus den Eiweissoder leimgebenden Körpern in der Nahrung in geringer Menge Zucker gebildet wird und beim Diabetes mellitus zur Ausscheidung kommt. Jedenfalls kann diese Erklärung nichts Auffallendes für uns haben, da sie mit anderen ganz analogen Thatsachen (wir wollen nur auf die Glycogen-Bildung bei reiner Eiweissnahrung hinweisen) in vollem Einklang steht.

Die Lebensweise, wie unsere beiden Patienten sie bisher geführt, hatte auf das Körpergewicht derselben keinen wesentlichen Einfluss ausgeübt. Dasselbe war im zweiten Falle ziemlich unverändert geblieben, im ersten Falle sogar etwas gesunken, eine Thatsache, die uns durchaus nicht befremden kann; denn berücksichtigen wir den rapiden Abfall der Harnausscheidung und dem entsprechend auch der Wasseraufnahme, so müssen wir daraus den Schluss ziehen, dass so zu sagen der ganze Wasserstand des Körpers ein bedeutend niedriger geworden. Dennoch verdient daneben hervorgehoben zu werden, dass aus der völligen Entziehung der Kohlehydrate den Patienten ein Nahrungsausfall erwuchs, der durch die gesteigerte Zufuhr von Albuminaten nicht völlig ausgeglichen werden konnte. Einen solchen Nahrungsausfall muss jeder Diabetes-Kranke erfahren, sei es dass man ihm Kohlehydrate in der Nahrung zuführt, oder dass man ihm dieselben völlig entzieht; denn im ersteren Falle werden sie doch, unverwerthet für die Oeconomie des Körpers, wieder abgehen. Es schien also von hoher Bedeutung zu sein, den Patienten als Ersatz für die unverwerthbaren Kohlehydrate einen Stoff zuzuführen, der ohne schädliche Folgen für den Organismus in hinreichend grosser Menge aufgenommen werden kann und dessen chemische Eigenschaften zugleich seine Verbrennung innerhalb des Körpers ermöglichen. Ein solches Mittel scheint uns im Glycerin gefunden zu sein. Als Schultzen[1]) die Darreichung von Glycerin für die Behandlung des Diabetes mellitus vorschlug, da leitete ihn durchaus nicht vorherrschend der theoretische Gesichtspunct, nach welchem er es für wahrscheinlich hielt, dass beim Diabetes die unter normalen Verhältnissen vor sich gehende Spaltung des Zuckers in Glycerin und Glycerinaldehyd behindert sei, sondern vor allem die oben erwähnten praktischen Rücksichten. Er wollte in dem

---

1) Schultzen, Beiträge zur Pathologie und Therapie des Diabetes mellitus. Berlin. klin. Wochenschrift. 1872. Nr. 35.

Glycerin ein Mittel finden, das leicht verbrennlich, un-
schädlich und geeignet wäre, die für den Diabetiker nicht
zu verwerthenden Kohlehydrate zu ersetzen, ohne, wie
diese, unverändert ausgeschieden zu werden. Der practische
Erfolg hat in unseren Fällen gezeigt, wie richtig diese
Annahme gewesen und wie zweckmässig die Wahl getroffen.
Nachdem der oben erwähnte Versuch, Patienten eine
absolut zuckerfreie Nahrung zu reichen, aufgegeben worden
war, erhielten die Kranken neben der alten an Kohlehydraten sehr armen Diät (vom 26/I.) täglich Ʒvi Glycerin
in Limonadenform, was Beide mit grossem Verlangen zu
sich nahmen. Ueberhaupt haben wir während der ganzen
Beobachtungszeit auch nicht die leiseste Andeutung von
einem schädlichen Einfluss des Glycerins auf den Organismus der Kranken gesehen, und muss daher die Angabe
Schultzen's[1] dass er das Glycerin in einer Menge von 20
—50 Grm. (Ʒvj—Ʒjß) darreiche, da bei 60 Grm. (Ʒjj) und
darüber zuweilen Diarrhoeen und Uebelkeit eintreten, auf
einem Missverständniss beruhen. Der Einfluss des Glycerins
auf das Körpergewicht war bei der relativ kurzen Beobachtungszeit natürlich kein eclatanter (vergl. die Tabellen
für die Durchschnittswerthe); doch glauben wir, mit Recht
den Hauptgrund für die schnell fortschreitende Besserung
im Allgemeinbefinden der Kranken in der günstigen Einwirkung des Glycerins suchen zu können, ja wir dürfen
sogar annehmen, dass diese Hilfe keine blos palliative
genannt werden kann, sondern doch wenigstens für eine
gewisse Zeit angedauert hat. Beide Patienten wurden

---

1) Schultzen, l. c.

nämlich gegen Ende des Mon. März als bedeutend gebessert aus der Klinik entlassen; der Patient Nr. II. stellte sich jedoch nach einem Monat zur Wiederaufnahme in die Klinik ein. Patient hatte unterdessen zu Hause mit einer, an Kohlehydraten sehr reichen Nahrung gelebt und dabei allerdings eine Verschlimmerung seines Gesammtbefindens wahrgenommen, die jedoch mit dem desolaten Zustande, in welchem Patient zum ersten Male die Klinik betrat, nicht zu vergleichen war. Bei seiner Wiederaufnahme zeigte sich nun, dass die Harnquantitäten kaum zugenommen hatten, während die Zuckermenge freilich um das Doppelte (50—70 Grm. p. die) gestiegen waren. Also trotzdem dass Patient einen Monat lang unter schlechten Verhältnissen und mit derselben Diät gelebt hatte, welche er vor seinem Eintritt in die Klinik gehabt, betrug doch die Harn- und Zuckermenge nur etwa $1/7$ bis $1/8$ von den damaligen enormen Quantitäten. So war also der Einfluss einer zweimonatlichen rationellen Behandlung nicht nur von momentan günstigem Erfolge für den Patienten gewesen, sondern die Wirkungen derselben dauerten noch über einen Monat hinaus fort. Es ist dies für die Therapie des Diabetes mellitus ein nicht genug zu betonender Erfolg. Unter dem Gebrauche von Glycerin und bei zweckmässiger Diät (Patient erhielt auf seine Bitte sogar ganz geringe Mengen von Brot) erholte sich Patient während der nun folgenden Wochen sichtlich. Während die Harnmenge und Zuckerausscheidung constant eine niedrige Ziffer aufwiesen, nahm das Körpergewicht constant zu (vgl. die zu Tabelle II. gehörige kleine Tabelle der Durchschnittswerthe), die Kräfte des Patienten hoben

sich, selbst sein Sehvermögen schien sich gebessert zu
haben (Angabe des Patienten), obgleich objective Untersuchungen über den Grad der cataractösen Affection seiner Augen nichts Sicheres ergaben.

Es sei uns endlich noch gestattet, zu den über den
Harnstoff- und Kochsalzgehalt des diabetischen Harnes angestellten Untersuchungen einige erläuternde Worte hinzuzufügen. Wir entnehmen denselben, dass der Grund für
das hohe specifische Gewicht des Harns beim Diabetes mellitus jedenfalls nicht nur in seinem hohen Zuckergehalt
liegt, wie letzteres von verschiedenen Seiten behauptet
worden, da auch die relativen Mengen des Harnstoff- und
Kochsalzgehaltes keineswegs immer vermindert sind, sondern
oft eine sehr bedeutende Vermehrung zeigen. Auch in
den uns vorliegenden Fällen waren trotz der bedeutenden
Harnmengen, mit welchen Patienten in die Klinik eintraten, die relativen Harnstoffmengen nicht vermindert, die
absoluten selbstverständlich bedeutend vermehrt. Welchen
Einfluss diese enorm grosse Harnstoffausscheidung auf die
fortschreitende Gesammtatrophie des Körpers ausüben muss,
liegt auf der Hand. In unseren Fällen musste bei der
sehr eiweissreichen Diät natürlich auch eine sehr hohe
Ziffer der Harnstoffauscheidung erwartet werden, und mit
Recht hat Schultzen[1]) diesen Umstand benutzt, um darauf
hinzuweisen, dass die Oxydationsfähigkeit im Organismus
eines Diabetikers nichts weniger als beeinträchtigt sein
könne, da derselbe im Stande ist, enorm grosse Mengen
von Albuminaten und Fetten zu verbrennen. Durch den

---

1) Schultzen, l. c.

Nachweis der hohen Harnstoffziffer fällt selbstverständlich
die Annahme, dass der Diabetes auf einer Behinderung
der Oxydation beruhe — eine Annahme mit welcher man
verschiedenerseits das Wesen des Diabetes zu deuten ver-
suchte — zusammen und würde auch dann wenn die Un-
verbrennlichkeit des Zuckers im Blute nicht direct experi-
mentell nachgewiesen wäre, ihren Halt verlieren.

Im weiteren Krankheitsverlaufe stellte es sich nun
heraus, dass die Harnstoffmengen zu den im Harne ausgeschiedenen Zuckerquantitäten in geradem Verhältnisse
stehen, was wohl nur so zu erklären ist, dass durch
die Zuckermengen die Wasserausscheidung und durch letztere zum Theil auch die Harnstoffausscheidung bedingt ist.
Bei dem plötzlichen colossalen Abfall der Harnmengen
am Anfang der Beobachtungszeit darf es uns nicht Wunder
nehmen, wenn die relativen Harnstoffquantitäten anfangs
um ein Geringes steigen; dann aber sinken dieselben
etwas, bleiben jedoch immer noch ziemlich beträchtlich.
Als die Patienten schliesslich eine nur N-haltige Nahrung
erhielten, nahm die Harnstoffausscheidung nicht wesentlich
zu, die Kochsalzmengen sanken etwas. Auffallend sind
die so niedrigen Ziffern der Harnstoff- und Kochsalz-Aus-
scheidung im Falle Nr. II, nachdem der Kranke zum
zweiten Male in die Klinik aufgenommen war. Die Erklärung für diesen so niedrigen Eiweissumsatz werden wir
wohl finden, wenn wir erwägen, dass Patient im Laufe
des Monats, den er wieder zu Hause verbrachte, mit einer
an Albuminaten sehr armen Kost gelebt und so sein
N-Gleichgewicht bedeutend herabgesetzt war.

Dass endlich das specifische Gewicht des Harns, welches anfangs sehr hohe Ziffern zeigte, später nur unbedeutend sank und noch ziemlich bedeutende Zahlen aufwies, ist leicht erklärlich; denn bei der rapiden Abnahme der Harnmengen waren die relativen Zucker- und Harnstoffmengen immer noch recht beträchtliche, und durch diese ist ja namentlich das hohe specifische Gewicht des diabetischen Harns bedingt, was auch die einzelnen Schwankungen desselben in unserer Beobachtungsreihe darthun.

Die in Vorstehendem geschilderten Fälle haben gezeigt, dass die Therapie des Diabetes mellitus, die ja doch eigentlich bisher nur eine symptomatische genannt zu werden verdient, hauptsächlich gegen zwei Symptome sich zu richten hat, weil von ihnen aus Gefahr für das Leben der Kranken droht. Es ist einmal der Verlust an Brennmaterial, welchen der Körper auf die Dauer weder zu ersetzen, noch zu ertragen vermag, und sodann der hochgradige Wasserverlust, der uns von den beiden Momenten das bei weitem wesentlichere zu sein scheint. Dass durch den hochgradigen Wasserverlust eine Concentration der Säfte und die Ernährungsstörungen verschiedener Art, denen der Diabetiker in den meisten Fällen schliesslich erliegt, direct hervorgerufen werden, ist eine zwar allgemein verbreitete, aber nichts weniger als bewiesene Ansicht. Da der Diabetiker entsprechend seiner hohen Wasserausscheidung auch eine bedeutende Menge Wasser aufnimmt, so ist es nicht denkbar, dass die Gewebe seines Körpers in höherem Grade ausgetrocknet werden, als dies bei Gesunden der

Fall ist. Im Gegentheil: das Wasser, dessen der Zucker fort und fort bedarf, um aus dem Körper ausgeschieden zu werden, wird zwar beständig den Geweben entzogen, aber auch beständig wieder zugeführt. Dieser rapid verlaufende und hochgradige Wasserwechsel muss geeignet sein, einen sehr bedeutenden Reiz auf die Gewebe auszuüben; denn es ist klar, dass bei einem Diabetiker, der zehnmal soviel Harn ausscheidet, als ein Gesunder und dem entsprechend auch zehnmal soviel Wasser aufnimmt, in der nämlichen Zeit eine zehnmal so grosse Wassermenge durch die Gewebe des Körpers hindurchfiltrirt wird. Es liegt auf der Hand, dass dies einen sehr bedeutenden Einfluss auf die Gewebe des Körpers ausüben muss, und wir wundern uns nicht, wenn wir Gewebe von leicht reizbarer Natur, wie die Lunge, die Niere u. s. w. im Endstadium eines Diabetes, bei welchem Monate hindurch 10—15000 Ccm. Harn p. die zur Ausscheidung gekommen sind, entzündlich erkranken sehen, wenn Catarakt und Tuberculose, Pneumonieen und Nephritiden die Scene schliesen und den Tod endlich herbeiführen. Ohne diese Eventualität wäre der Diabetes sicherlich eine bei weitem nicht so lebensgefährliche Erkrankung, würde wenigstens viel länger von den Kranken ertragen werden. Diesen beiden Hauptmomenten gegenüber, dem Verlust an Brennmaterial und dem hochgradigen Wasserumsatz hat die Therapie folgende Aufgaben: den Verlust an Nahrungsmaterial müssen wir ersetzen und zwar scheint uns ein durchaus zweckmässiges Ersatzmittel durch das Glycerin, das ohne Zweifel im Körper verbrannt wird, repräsentirt zu werden; den Wasserverlust dürfen wir nicht ersetzen

3*

wollen, wir müssen den hochgradigen Wasserumsatz ver-
hüten, und da die Wasserausscheidung (resp. Aufnahme)
lediglich durch die enorme Zuckerausscheidung bedingt,
letztere aber der Zufuhr von Kohlehydraten in der Nahrung proportional ist, so erwächst uns daraus als erste
und wichtigste Aufgabe bei der Behandlung des Diabetes,
diese Zufuhr auf ein Minimum zu reduciren. Der Beweis
für alle diese Behauptungen ist in den von uns angestellten
Krankenbeobachtungen gegeben. Zu einem möglichst vollständigen Ausschluss der Kohlehydrate aus der Nahrung
können wir uns aber um so eher entschliessen, als dem
Körper dadurch durchaus keinerlei Abbruch geschieht;
denn die Kohlehydrate haben aufgehört, für den Diabetiker Nahrungsmittel zu sein; im Gegentheil, sie sind ein
Gift für den Körper geworden, dass zwar langsam, aber
um so sicherer tödtet. Gegenüber dem Einwurf, ob der
Diabetiker auch im Stande sein werde, die völlige Entziehung der Kohlehydrate, zu denen ein fast unstillbares
Verlangen ihn hinzieht, zu ertragen, möchten wir auf die
von uns gemachten Beobachtungen hinweisen. Wir sind
der Ansicht, dass die Darreichung von Glycerin, welches
für den Diabetiker entschieden das Nämliche leistet, was
den Kohlehydraten beim Gesunden zugeschrieben wird, es
dem Diabetes-Kranken entschieden erleichtert, den Mangel
an Kohlehydraten in seiner Diät zu ertragen.

Also in einer Verhütung der Zuckerzufuhr und in der
Darreichung von Glycerin muss die rationelle Therapie des
Diabetes bestehen; fehlt in unserer Therapie einer von den
beiden Faktoren, so erreichen wir unseren Zweck nicht.
Verordnen wir dem Diabetiker eine reine Fleischdiät ohne

gleichzeitige Darreichung von Glycerin, so geht zwar die Zuckerausscheidung und die Harnmenge bedeutend herab, womit zugleich die schädlichen Folgen des gesteigerten Wasserumsatzes gehoben sind, aber wir leisten ihm für den Verlust seines Hauptbrennmaterials keinen Ersatz, sein Körper bleibt schwach und elend und die zunehmende allgemeine Atrophie des Körpers muss schliesslich zum Tode führen. Erst nach der Darreichung von Glycerin hebt sich sichtlich das Allgemeinbefinden (vgl. die mitgetheilten Fälle). Wollten wir aber dem Diabetiker Glycerin reichen, ohne gleichzeitig die Kohlehydrate, soweit es möglich ist, aus der Nahrung auszuschliessen, so leisten wir ihm zwar für den Verlust an Ernährungsmaterial einen Ersatz, aber wir bannen nicht die schädlichen Folgen einer monatelangen constant hohen Wasserausscheidung, wir liefern ihn der Tuberculose und anderen Entzündungsformen rettungslos in die Arme. Dem Letztgesagten zum Zeugniss sei es uns gestattet, einen Fall hier mitzutheilen, den wir, wie bereits in der Einleitung angegeben, ebenfalls auf der medicinischen Abtheilung der Klinik zu Dorpat unter der Leitung des Prof. Vogel behandelt.

---

3) Krankengeschichte des Johann Rudneck.

J. R., 33 Jahr alt, hat seinen Vater bereits vor vielen Jahren verloren. An welchem Leiden derselbe gestorben, weiss Patient nicht anzugeben. Die Mutter des Patienten lebt und erfreut sich einer guten Gesundheit. Ebenso die Geschwister des Patienten. Patient, seinem Beruf nach Gärtner, ist seit fast 3 Jahren verheirathet und hat ein Kind von 1 bis 2 Jahren, welches ebenso wie die Frau des Patienten augenblicklich am Scharlach leidet. Patient will in seinem früheren Leben im Ganzen gesund gewesen sein; nur giebt er an, als Kind sehr viel an Bandwürmern gelitten und in seinem 15. Lebensjahre ein Nervenfieber überstanden zu haben. Sein gegenwärtiges Leiden datirt Pat. seit dem Juli d. J. 1871. Er giebt an, sich einst in der Kirche erkältet zu haben, worauf vage Schmerzen in den Gliedern, Erbrechen und Durchfall eintraten. Von da an kränkelte Pat. fort, bis er im zweiten Monat nach Beginn seines Leidens bemerkte, dass seine Harnquantitäten sich stetig vermehrten. Kurze Zeit darauf bemerkte Pat. auch eine erhebliche Steigerung seines Appetits und Durstgefühls. Bald darauf nahm Pat., bisher ein blühender und kräftiger Mann, auch eine immer mehr und mehr zunehmende allgemeinen Abmagerung seines Körpers wahr. Daneben litt er an vagen Gliederschmerzen und an hartnäckiger Stuhlverstopfung. Die genannten Krankheitssymptome nahmen stetig und allmälig zu, und veranlassten Patienten, ärztliche Hilfe aufzusuchen, und als dieselbe seinem Leiden gegenüber völlig fruchtlos blieb, um Aufnahme in die medicinische Klinik zu Dorpat zu bitten, die am 14. October 1872 erfolgte.

J. R. ist von mittelgrosser Statur, von kräftigem, normalem Knochenbau. Der Körper ist in hohem Grade abgemagert, die Fettpolster des subcutanen Zellgewebes fast überall völlig verschwunden, während die Muskulatur zwar im Allgemeinen ebenfalls bedeutend reducirt, doch an manchen Partien, namentlich am Beine, noch straff und relativ kräftig ist. Die bedeutende Atrophie des Körpers macht sich namentlich im Gesicht geltend. Der Gesichtsausdruk ist ein leidender. Die Haut ist blass, trocken und von geringer Elasticität; auf dem Epigastrium unterhalb des rechten Rippenbogens befindet sich eine weisse, leicht getüpfelte Narbe von der Grösse des Umfangs eines kleinen Apfels; dieselbe rührt nach Angabe des Kranken von einem grossen Furunkel her. Die sichtbaren Schleimhäute sind leicht anämisch; die Körpertemperatur ist etwas unter der Norm. Das Körpergewicht beträgt 62300 Grm. Die Intelligenz des Kranken lässt nichts zu wünschen übrig, das Bewusstsein ist klar. Patient klagt über Schmerzen in den Gliedern und in der Bauchgegend, welche letztere, besonders im Epigastrium und dem rechten Hypochondrium, auf Druck sehr empfindlich ist. Patient beklagt sich ferner über Schwachsichtigkeit und Dunkel vor den Augen. Bei der Untersuchung der Augen bemerkt man zahlreiche Pingueculae auf den Scleren, links eine schwache Cornealtrübung und beiderseits beginnenden Cataract.

Der schwache, nicht sichtbare und kaum fühlbare Spitzenstoss des Herzens befindet sich etwa in der Gegend der Mamilla. Die relative Herzdämpfung reicht nach rechts bis zum rechten Sternalrand, nach oben bis zur 3. Rippe, nach unten bis zum 4. Intercostalraum. Die Herztöne sind rein und von geringer Intensität; der zweite Ton ist überall accentuirt. Der Puls ist klein, leicht zu comprimiren, regelmässig, 60 p. Min. Anämische Geräusche sind nicht vorhanden.

Der Thorax ist breit, gut entwickelt und kräftig gebaut. Die rechte Lunge ist etwas nach oben gedrängt und reicht in der Mamillarlinie bis zur 5., in der Axillarlinie bis zur 6. Rippe. Der Percussionsschall ist rechts etwas kürzer und heller, links etwas tympanischer. Die Athmung ist normal und ruhig. Die Auscultation ergiebt auf beiden Lungen verschärftes vesiculäres Athmen, namentlich ist die Exspiration verschärft. Husten ist nicht vorhanden.

Die Adspection der Mundhöhle ergiebt, dass die Zunge an den Rändern geröthet, nach der Mitte zu weisslich belegt und etwas rissig ist. Die Zähne sind in gutem Zustande. Das ganze Abdomen erscheint bedeutend aufgetrieben, die Rippenbogen und der Processus xiphoïdeus sind erheblich nach oben gebogen. Das Epigastrium ist besonders stark hervorgetrieben, auch in der Breitendimension erscheint das Abdomen erheblich vergrössert. Bei der Palpation erweist sich, dass das ganze Hypogastrium bis zum Nabel hinauf deutlich fluctuirt, entsprechend der gefüllten Harnblase. Mit Ausnahme dieser Partie zeigt das ganze Abdomen einen exquisit tympanitischen Percussionsschall. Die relative Leberdämpfung beginnt an der 4., die absolute an der 5. Rippe und reicht nach abwärts bis zur 7., von wo an der Ton tympanitisch wird; doch lässt sich bei vorsichtiger Percussion noch etwas unterhalb der 7. Rippe eine Grenze feststellen, von wo an die Tympanie voller wird. In der Axillarlinie reicht die Leberdämpfung von der 5. Rippe bis zum 7. Intercostalraum. Doch ist hier eine genaue Grenzbestimmung schwierig. — Die Milzdämpfung erscheint etwas vergrössert. Der Druck auf die Lebergegend ist überall schmerzhaft. Der Appetit des Patienten ist sehr gesteigert; in noch höherem Grade jedoch das Durstgefühl; der Stuhl ist träge; im Uebrigen erscheint die Verdauung normal. Patient nimmt täglich etwa 5 Stof Wasser (= 6—7 Liter) zu sich.

An den Genitalien ist ausser einer etwas stärkeren Röthung der Schleimhaut am orificium urethrac und einer kleinen Narbe an der Glans nichts Abnormes zu bemerken. Die Blase ist sehr stark gefüllt. Das Uriniren ist für den Patienten leicht und schmerzlos. Der gelassene Harn ist klar, von hellgelber Farbe, klebriger Beschaffenheit, eigenthümlich starkem Lichtbrechungsvermögen und prononcirt süsslichem Geschmack. Sein spec. Gew. beträgt $1,025-1,030$. Die 24-stündliche Gesammtmenge beträgt $10000-16000$ Ccm. (vergl. Tabelle Nr. III.). Die microscopische Untersuchung des Harns ergiebt nichts Abweichendes. Bei der chemischen Untersuchung dagegen stellt sich Folgendes heraus: Schon eine sehr geringe Menge Harn genügt, um von einer Kupferoxyd-Lösung eine beträchtliche Menge zu Kupferoxydul zu reduciren, ebenso ergiebt die in der Erwärmung mit Aetzkali, sowie in der Reduction von

c .

Wismuthoxyd bestehende Zuckerprobe ein positives Resultat. Mit Hilfe der Fehling'schen Titrirmethode lässt sich die im Harne enthaltene Zuckermenge auf etwa 3—5%, die 24-stündl. Gesammtmenge demnach auf 300 – 700 Grm. bestimmen. Der Harn reagirt sehr schwach sauer und ist eiweissfrei.

Die klinische Diagnose lautete: Diabetes mellitus, Obstipation mit Meteorismus, leichte Vergrösserung der Leber mit Verdrängung nach oben, suspecte Lungen.

Verlauf der Krankheit.
(Vergl. auch Tab. III.)

Im weiteren Verlauf der Krankheit liess der Meteorismus, nachdem durch Ol. Ricin. und Magnes. sulfur. einige dünne Stühle erzeugt waren, nach, so dass Patient sich etwas wohler fühlte. Bald jedoch stellten sich heftige (rheumatische oder neuralgische?) Schmerzen im Rücken, Bauch und an den Extremitäten, namentlich in der linken Schulter und im Verlauf des linken Ischiadicus ein, die bei leisem Druck stark zunahmen; dabei verschlimmerte sich das Allgemeinbefinden immer mehr, besonders nachdem ein heftiges Fieber sich einstellte, das Abends exacerbirte und Morgens völlige Intermissionen zeigte. Dabei verschlechterte sich zugleich der Appetit des Patienten. Endlich stellten sich Husten und hartnäckige Durchfälle ein, die durch Blei und Opium sich nicht stillen liessen; in den letzten Tagen vor dem Tode trat sodann unter Steigerung des Fiebers, das allmälig ein mehr continuirliches geworden war, heftige Dyspnoe ein und am 22. Dec. ging Patient zu Grunde. Da Patient in den letzten Wochen fast nichts mehr genossen und zugleich unausgesetzt flüssige Stühle mehrmals am Tage gehabt, so sanken dem entsprechend die Harn- und Zucker-

mengen auf ein Minimum herab, erstere betrug nur noch
einige 100 grm. p. 24 St., wobei natürlich der Harn sein Aus-
sehen u. s. w. beträchtlich veränderte. Zuletzt waren kaum
mehr Spuren von Zucker nachweisbar.

Die Section ergab ausgedehnte Hepatisationen beider Lungen neben pleuritischen Verwachsungen, parenchymatöse Schwel-
lung der Leber und Milz, frische endocarditische Veränderungen
im linken Ventrikel, namentlich an der Mitralis, welche durch
frische Fibrinauflagerungen stenotisch geworden war, endlich
ausgedehnte catarrhalische Affection der Magen- und Darm-
schleimhaut. Die microscopische Untersuchung des Pancreas,
an welchem äusserlich wenig Abnormes nachzuweisen war,
ergab ausgedehnte Verfettungen dieses Organs.

20 Tropfen

r Stuhl er-

er, Milch,

h ein con-
neben der

tient. nur
nd Suppe
ch Patient
e er sich
erschaffen.

vj—Xjj in
nimmt.

st völlig.
erhält von
Veissbrod;
der Eiern.

nds
tige

eber-
mer-

Werfen wir einen Blick auf die vorstehende Tabelle, so ist ersichtlich, dass in den ersten Wochen bei völlig ungeregelter Diät die ausgeschiedenen Harn- und Zuckermengen am höchsten sein und eine ziemlich beträchtliche Inconstanz zeigen mussten. Der Versuch, vom 30. Octob. ab, ohne den Kranken zu isoliren, eine reine Fleischdiät einzuführen, bewirkte zwar einen momentanen starken Abfall in der Harn- und Zuckerausscheidung und eine Besserung des Allgemeinbefindens, genügte indess keineswegs, da der Kranke sich nebenbei doch in so grosser Menge Amylaceen zu verschaffen wusste, dass die Harnmengen noch auf einer lebensgefährlichen Höhe stehen blieben. Wir gaben daher bald den Versuch auf und regelten die Diät des Patienten nur insofern, als die Brotmengen, die er erhielt, etwas beschränkt wurden. In Folge dessen ergaben die Zahlen eine etwas grössere Constanz der Harn- und Zuckerausscheidung, die jedoch bald durch die eintretenden fieberhaften Zustände des Patienten eine Störung erlitt; jedesmal, wenn das Fieber höher stieg, sanken auch die Harn- und Zuckermengen bedeutend, um endlich ganz gering zu werden. Die schon längst bekannte Thatsache, dass es kaum ein besseres Mittel giebt, um den Zucker aus dem Harn eines Diabetikers schnell zum Verschwinden zu bringen, als eine erhöhte Körpertemperatur, tritt in unserem Falle besonders evident hervor. Der Umstand, dass während eines Fiebers die Harnstoffausscheidung entsprechend der Vermehrung des Stoffwechsels steigt, die

Zuckerausscheidung hingegen sinkt, ist aufs Beste dazu geeignet, das richtige Licht auf das Wesen dieser beiden Processe zu werfen. Stände die Zuckerausscheidung bei einem Diabetiker in directer Beziehung zum Stoffwechsel, wäre sie durch die Thätigkeit irgend eines Organes be. dingt, so müsste das Fieber den Zuckergehalt im Harn ebenso steigern, als es den Harnstoffgehalt vermehrt. Ebenso wie die erhöhten Harnstoffziffern uns beweisen, dass der Harnstoff ein Product des Stoffwechsels sei, der auch aus den Körperbestandtheilen gebildet werden kann, ohne dass das entsprechende Bildungsmaterial dem Körper in der Nahrung zugeführt wird, in derselben Weise deutet die Verminderung der Zuckerausscheidung während des Fiebers darauf hin, dass der im Harn ausgeschiedene Zucker nicht gebildet wird aus irgend einem Bestandtheil des Körpers, sondern direct abhängig ist von den in der Nahrung aufgenommenen Kohlehydraten, deren Zufuhr während des Fiebers stets verringert sein muss durch die mit demselben verbundene Appetitlosigkeit. Wir fanden schon oben bei Erörterung der Frage, wesshalb die Opiate herabsetzend auf die Zuckerausscheidung wirken, Gelegenheit, diese Ansicht hervorzuheben. Die Wirkung der Opiate auf den Körper ist sicherlich der des Fiebers eine durchaus entgegengesetzte, indem es sich im ersteren Falle um eine Verminderung, im letzteren um eine Steigerung des Stoffwechsels handelt; dennoch ist ihr Einfluss auf die Zuckerausscheidung beim Diabetes der gleiche, da beide eine gemeinsame Wirkung auf den Körper ausüben und dies ist die Herabsetzung des Verlangens nach Nahrungsaufnahme.

Was endlich die in der Tabelle hie und da angeführr-
ten Harnstoffmengen betrifft, so mögen dieselben durch
ihre Höhe zur Illustration dafür dienen, dass das Allgemeinbefinden des Kranken so rasch sich verschlimmerte,
was durch den Zustand, in welchem sich die Lungen be-
fanden, noch beschleunigt wurde. Letzterer muss es über-
haupt in Frage stellen, ob eine consequent durchgeführte
Fleischdiät mit gleichzeitiger Darreichung von Glycerin in
diesem Falle noch erfolgreich gewesen wäre.

Den heftigen Magen- und Darmcatarrh, der sich in
der letzten Zeit vor dem Tode einstellte, dürfen wir nicht
von einem schädlichen Einfluss des Glycerins ableiten wollen,
da der Kranke bereits seit Wochen sehr grosse Dosen von
Glycerin (bis zu ℥xjj p. die) gebraucht hatte, ohne dass
sich irgend ein schädlicher Einfluss auf den Verdauungs-
tractus nachweisen liess.

————

Blicken wir zum Schluss noch einmal zurück und
fragen wir uns, welch' ein Facit aus den in diesen Blättern
niedergelegten Beobachtungen gezogen werden kann, so
glauben wir, in folgenden zwei Punkten das Resultat zusam-
menfassen zu können.

Erstens glauben wir, nachgewiesen zu haben, dass
zwischen dem im Harn eines Diabetikers ausgeschiedenen
Zucker und den mit der Nahrung aufgenommenen Kohlehydraten ein directes und genaues Abhängigkeitsverhältniss
besteht, welches seinerseits dazu dient, die Behauptung,
das Wesen des Diabetes beruhe auf einer behinderten Umsetzung der dem Körper zugeführten Kohlehydrate, zu

stützen. Auch durch die Würdigung anderer von uns hervorgehobener Thatsache, deren Kenntnissnahme der klinischen Erfahrung zu verdanken ist, erhält diese Behauptung weitere Beweismittel.

Zweitens scheint uns aus dem mitgetheilten Beobachtungsmaterial der eminent günstige Einfluss einer consequent durchgeführten Diät hervorzugehen und theoretisch begründet zu werden.

Freilich ist gerade dies der Punkt, an welchem immer und immer wieder die Bemühungen des Therapeuten gegenüber dem Diabetes-Kranken scheitern. Soweit wir aus unseren Fällen urtheilen dürfen, scheint uns das Glycerin die Ertragung einer so einförmigen Diät zu erleichtern.

Weitere Versuche mit dem Glycerin wären dringend geboten; aber selbstverständlich haben dieselben nur Werth und Sinn bei gleichzeitiger Darreichung einer möglichst Kohlehydrate-freien Diät, daher dieselben in der Privatpraxis schwer anzustellen sind.

Seiner endlichen Lösung wird das Diabetes-Problem aber wohl dann erst entgegensehen, wenn die bisher noch dunkle Frage nach dem Schicksal, welches der dem gesunden Körper zugeführte Zucker erfährt, eine befriedigende Beantwortung gefunden haben wird.

Thesen.

1. Die Lehre von der Generatio aequivoca ist nicht als abgethan anzusehen.
2. Der Therapeut muss irrationell verfahren.
3. Das Studium am Krankenbett ist das grösste Hinderniss für eine wissenschaftliche Entwickelung der Pharmacologie.
4. Der Diabetes mellitus beruht auf einer behinderten Umsetzung der mit der Nahrung aufgenommenen Kohlehydrate.
5. Uebertritt von Zucker in's Blut muss stets Auftreten von Zucker im Harn bewirken.
6. Das Blut ist nach den bisherigen Erfahrungen das harnstoffreichste Gewebe.
7. Von einer Duplicität des syphilitischen Giftes kann nicht die Rede sein.
8. Die Annahme eines günstigen Einflusses der Gravidität auf gewisse Uterin-Leiden ist durchaus gerechtfertigt.
9. Von dem üblichen „Abwarten" bei langsam fortschreitenden, sonst aber völlig normalen Geburten müsste im Interesse des Wochenbettes öfter Umgang genommen werden.
10. Der Zweck heiligt die Mittel.